FORSCHUNGSBERICHTE
des Landes Nordrhein-Westfalen

Herausgegeben
vom Minister für Wissenschaft und Forschung

Die „Forschungsberichte des Landes Nordrhein-Westfalen" sind in
zwölf Fachgruppen gegliedert:

Geisteswissenschaften
Wirtschafts- und Sozialwissenschaften
Mathematik / Informatik
Physik / Chemie / Biologie
Medizin
Umwelt / Verkehr
Bau / Steine / Erden
Bergbau / Energie
Elektrotechnik / Optik
Maschinenbau / Verfahrenstechnik
Hüttenwesen / Werkstoffkunde
Textilforschung

Die Neuerscheinungen in einer Fachgruppe können im Abonnement
zum ermäßigten Serienpreis bezogen werden. Sie verpflichten sich
durch das Abonnement einer Fachgruppe nicht zur Abnahme einer
bestimmten Anzahl Neuerscheinungen, da Sie jeweils unter
Einhaltung einer Frist von 4 Wochen kündigen können.

WESTDEUTSCHER VERLAG
5090 Leverkusen 3 · Postfach 300 620

FORSCHUNGSBERICHTE DES LANDES NORDRHEIN-WESTFALEN

Nr. 2888/Fachgruppe Maschinenbau/Verfahrenstechnik

Herausgegeben vom Minister für Wissenschaft und Forschung

Dr. rer. nat. Lothar Rafflenbeul
Prof. Dr.-Ing. Hugo Hartmann
Lehrstuhl II für Verfahrenstechnik
der Rhein.-Westf. Techn. Hochschule Aachen

Eine Methode
zur Auswahl von Lösungsmitteln für die
Extraktiv-Destillation

Westdeutscher Verlag 1979

```
CIP-Kurztitelaufnahme der Deutschen Bibliothek

Rafflenbeul, Lothar:
Eine Methode zur Auswahl von Lösungsmitteln
für die Extraktiv-Destillation / Lothar Rafflen-
beul ; Hugo Hartmann. - Opladen : Westdeutscher
Verlag, 1979.
   (Forschungsberichte des Landes Nordrhein-
   Westfalen ; Nr. 2888 : Fachgruppe Maschinen-
   bau, Verfahrenstechnik)
   ISBN-13: 978-3-531-02888-0      e-ISBN-13: 978-3-322-87522-8
   DOI: 10.1007/978-3-322-87522-8
NE: Hartmann, Hugo:
```


ISBN-13: 978-3-531-02888-0

Inhalt

1. Vorbetrachtung

1.1 Gaschromatographische Bestimmung der Selektivität

Auf die chemisch-physikalischen Zusammenhänge zwischen Gaschromatographie und Extraktiv-Destillation hat zuerst Röck
/1/ hingewiesen.

Gaschromatographie und Extraktiv-Destillation sind thermische
Trennverfahren, bei denen Stoffgemische mit Hilfe von Zusatz-
komponenten zerlegt werden. Wegen dieser Ähnlichkeit wird die
GC als Entscheidungshilfe bei der Auswahl von Lösungsmitteln
benutzt. Dazu wird das Trägermaterial der Trennsäule mit dem
zu prüfenden Lösungsmittel beladen und das Stoffgemisch auf
der so präparierten Säule getrennt. Die Unterschiede der relativen Retentionszeiten der Komponenten zeigen die Wirksamkeit
eines Lösungsmittels. Für die relative Flüchtigkeit zweier zu
trennenden Komponenten (1) und (2) in einem Lösungsmittel (3)
bei gaschromatographischer Verdünnung gilt /2/:

$$(\alpha_{12})_3 = \frac{y_1/x_1}{y_2/x_2} = (\gamma_1^\infty/\gamma_2^\infty)_3 \, (p_{01}/p_{02}) = (t_{dr_2}/t_{dr_1})_3 \tag{1}$$

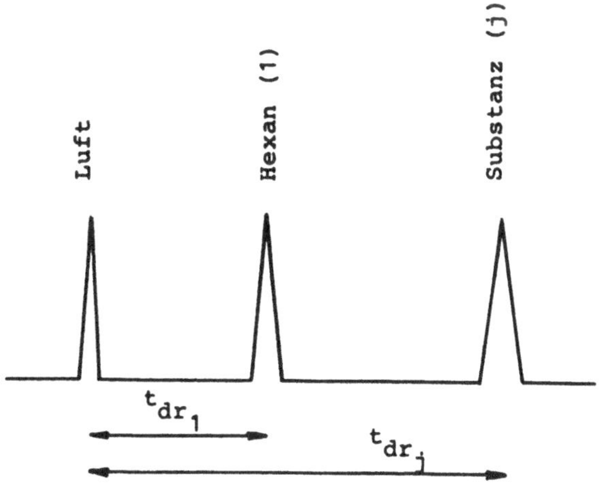

Abb. 1:   Retentionszeiten

Eine weitere Größe zur Charakterisierung von Lösungsmitteln ist
die Selektivität

$$S_{12} \equiv (\gamma_1^\infty / \gamma_2^\infty)_3 = \alpha_{12} \, (P_{O1}/P_{O2}) \,. \qquad (2)$$

Die Lösungsmittelbestimmung reduziert sich damit auf die Netto-
retentionszeitermittlung der zu trennenden Substanzen auf einer
GC-Säule, die mit dem Lösungsmittel beladen ist. Diese Methode
hat jedoch nur eine beschränkte Aussagekraft, da die Temperatur
im Gaschromatographen i. a. wesentlich niedriger und die Kon-
zentration des Lösungsmittels wesentlich höher als bei der Extraktiv-Destillation ist.

Das bearbeitete Forschungsvorhaben basiert auf der Überlegung,
daß für die Extraktiv-Destillation die Ausnutzung starker inter-
molekularer Wechselwirkungen zwischen den zu trennenden Komponenten und dem Lösungsmittel maßgebend ist. Die zu betrachtenden
Wechselwirkungen sind:

    a) Induktionskräfte
    b) Dipol-Dipol-Anziehung
    c) Wasserstoffbrückenbindungen
    d) Elektronen-Donator-Akzeptor-Wechselwirkungen.

Es soll untersucht werden, ob mit bestimmten GC-Säulen die
Art des zu verwendenden Lösungsmittels vorausbestimmt werden
kann. Besondere Bedeutung kommt dabei der Betrachtung von
H-Brücken-Bildungen zu.

1.2 Gaschromatographische Bestimmung von Grenzaktivitäts- koeffizienten

Nach Everett und Stoddart /7/ besteht zwischen dem Nettoreten-
tionsvolumen V_N und dem Granzaktivitätskoeffizienten folgende
Beziehung:

$$\ln \gamma_1^{\infty} = \frac{n_3 RT}{P_{O1} \cdot V_N} - \frac{P_{O1}}{RT} (B_{13} - \bar{V}_{O1})$$

$$+ \frac{p}{RT} (2 B_{13} - B_{11} - \bar{V}_1^{\infty}) \tag{3}$$

n_3 ist die molare Menge der stationären Phase,

P_{O1} ist der Dampfdruck der Komponente 1,

B_{ij} sind Virialkoeffizienten,

p ist der mittlere Säulendruck,

$\bar{V}_{O1}$ ist das molare Gasvolumen von Komponente 1,

$\bar{V}_{O1}^{\infty}$ ist das partielle molare Gasvolumen bei unendlicher Verdünnung.

Die beiden rechten Terme sind Realgaskorrekturen. Da bei unseren Experimenten Helium als Trägergas bei Temperaturen über 100 $^{\circ}$C und Drücken unter 2 bar eingesetzt wird, können die Realgaskorrekturen vernachlässigt werden.

2. Experimentelles
2.1 Gaschromatographische Messung relativer Flüchtigkeiten

Als Testkomponenten werden folgende Stoffe verwendet:

    1. n-Hexan
    2. Chloroform
    3. Äthanol
    4. Diäthylamin
    5. Triäthylamin
    6. Wasser
    7. Diäthyläther
    8. Aceton
    9. Acetonitril
   10. Acetaldehyd

11. Benzol
12. Toluol
13. p-Xylol
14. Mesitylen
15. n-Hexen (1)
16. Isopren
17. Nitrobenzol
18. Tetrachloräthylen
19. Pyridin

Diese Stoffe werden nach ihren chemischen Eigenschaften in
folgende Gruppen eingeteilt:

Stoff 1	unpolare Referenzsubstanz
Stoff 2	H-Brückendonator
Stoff 3 - 6	H-Brückendonator u. -akzeptor
Stoff 7 - 10	H-Brückenakzeptor
Stoff 11 - 16	Elektronendonator
Stoff 17 - 19	Elektronenakzeptor

Für die Testsäulen werden folgende flüssige Phase verwendet:

1. UCON-50-HB-5100
2. Siponat
3. Trimer-Acid
4. DC-QFL
5. Squalan
6. A Polar-7CP
7. Diglycerin
8. Squalene
9. Silicone DC.L.S.
10. Silicone GESE 30
11. POLY-A 135
12. CYANO B
13. AROCLOR 1254
14. Benzyl-Diphenyl

15. THEED
16. Quadrol
17. Amine 220

Hinzu kommen noch 5 hochpolymere Trennsubstanzen

18. Chromosorb 101
19. Chromosorb 102
20. Chromosorb 103
21. Chromosorb 104
22. Chromosorb 105

Als Trägermaterial wird Chromosorb W-AW-DMCS, 70 - 80 mesh, verwendet. Dieser Träger wird im eigenen Labor mit 15 - 18 Gew.-% Trennflüssigkeit beladen.

Als Säulen werden 1/8" Stahlrohre von 200 cm Länge verwendet. Der eingesetzte GC ist das Modell 419 von PACKARD INSTR., ausgestattet mit einem WLD.

Die Retentionszeiten werden mit einem Integrator Autolab Mod. 6300 gemessen.

Als Trägergas wird Helium verwendet. Die Trägergasgeschwindigkeit beträgt bei allen Analysen 15 ml/min.

Die Säulentemperatur ist 100 $^{\circ}$C, Injektor- und Detektortemperatur betragen 150 $^{\circ}$C.

Alle Testsubstanzen werden auf jeder Säule mehrmals einzeln sowie in Gemischen injiziert. Die REferenzsubstanz wird ebenfalls auf jeder Säule mehrmals einzeln und in Gemischen aufgegeben. Tabelle 1 zeigt die relativen Flüchtigkeiten der Test-Substanzen in den einzelnen Lösungsmitteln (stationäre Phasen). Die Bezugskomponente (1) ist in allen Fällen n-Hexan.

Tabelle 1 a: Relative Flüchtigkeiten der Testkomponenten

	UCON-50-HB-5100	Siponat	Trimer-Acid	DC-QFL	Squalan	A Polar-7CP
1 n-Hexan	1,00	1,00	1,00	1,00	1,00	1,00
2 Chloroform	5,95	2,94	2,15	1,89	0,89	9,29
3 Äthanol	3,75	11,15	1,50	1,23	0,20	6,48
4 Diäthylamin	10,10	2,87	60	1,51	0,70	2,86
5 Triäthylamin	4,68	2,57	45	2,43	1,80	2,95
6 Wasser	5,74	5,26	1,13	2,34	0,49	7,90
7 Diäthyläther	0,85	0,96	0,73	0,83	0,37	1,41
8 Aceton	1,87	4,17	0,92	3,20	0,25	7,04
9 Acetonitril	4,39	5,33	1,00	4,69	0,24	16,82
10 Acetaldehyd	0,89	1,80	0,40	1,34	0,14	2,95
11 Benzol	5,13	2,69	2,66	2,95	1,45	9,64
12 Toluol	9,89	5,33	5,84	5,35	3,29	16,32
13 p-Xylol	18,39	10,31	12,15	9,00	7,24	26,05
14 Mesitylen	36,15	20,48	25,71	14,78	16,13	42,86
15 n-Hexen	1,20	0,96	1,00	1,05	0,87	1,41
16 Isopren	0,978	0,48	0,63	0,78	0,45	1,45
17 Nitrobenzol	260,41	166,37	80,69	450	21,56	628,41
18 Tetrachloräthylen	9,96	6,96	7,79	5,19	5,00	12,23
19 Pyridin	-	22,22	27,69	9,89	2,10	41,41

<u>**Tabelle 1 b:**</u>   Relative Flüchtigkeiten der Testkomponenten

	Diglycerin	Squalene	Silicon DC.L.S.	Silicon GESE 30	POLY-A 135
1 n-Hexan	1,00	1,00	1,00	1,00	1,00
2 Chloroform	10,57	1,37	1,81	1,05	4,88
3 Äthanol	82,14	0,35	4,86	0,75	2,40
4 Diäthylamin	200,0	2,82	2,78	0,88	1,38
5 Triäthylamin	85,7	5,36	3,47	1,75	2,21
6 Wasser	714,3	2,02	13,19	5,75	5,19
7 Diäthyläther	2,14	0,464	1,11	0,6	0,68
8 Aceton	17,00	0,496	4,17	0,88	1,40
9 Acetonitril	49,00	0,675	7,94	1,50	2,67
10 Acetaldehyd	9,86	0,409	3,22	0,63	4,81
11 Benzol	7,71	1,91	2,2	1,55	4,20
12 Toluol	10,86	4,25	5,22	3,03	8,77
13 p-Xylol	15,56	9,19	8,67	5,83	17,65
14 Mesitylen	24,86	19,84	14,29	10,80	37,04
15 n-Hexen	1,14	0,95	1,02	0,95	1,11
16 Isopren	1,14	0,53	0,83	0,55	0,83
17 Nitrobenzol	706,43	36,36	109,17	21,25	198,3
18 Tetrachloräthylen	8,00	6,09	4,94	4,03	9,69
19 Pyridin	310,71	3,89	11,67	2,88	11,57

Tabelle 1 c: Relative Flüchtigkeiten der Testkomponenten

	CYANOB	AROCLOR 1254	Benzyl-Diphenyl	THEED	Chromosorb 101	Chromosorb 102
1 n-Hexan	1,00	1,00	1,00	1,00	1,00	1,00
2 Chloroform	16,43	2,31	2,92	6,52	1,32	0,75
3 Äthanol	17,86	0,62	0,80	8,81	1,34	0,21
4 Diäthylamin	5,00	1,59	1,65	5,07	1,64	1,87
5 Triäthylamin	3,86	3,07	2,67	3,74	4,04	2,04
6 Wasser	39,43	0,62	0,50	15,29	0,13	0,04
7 Diäthyläther	2,25	0,62	0,75	1,00	0,50	0,42
8 Aceton	16,00	1,07	1,38	3,26	0,55	0,32
9 Acetonitril	48,75	1,16	2,17	6,43	0,56	0,30
10 Acetaldehyd	7,63	0,40	0,62	1,50	0,22	0,14
11 Benzol	16,88	3,76	4,07	4,77	2,05	1,33
12 Toluol	27,00	8,84	8,82	9,14	4,81	2,98
13 p-Xylol	41,63	19,84	18,21	16,91	10,58	6,48
14 Mesitylen	64,38	42,45	39,93	31,93	21,76	14,21
15 n-Hexen	1,63	1,08	1,12	1,14	1,01	0,94
16 Isopren	2,13	0,73	0,78	0,93	0,55	0,49
17 Nitrobenzol	1357,38	160,25	200,66	289,19	44,93	21,47
18 Tetrachloräthylen	16,13	10,06	10,50	9,33	4,66	3,20
19 Pyridin	90,63	11,38	13,17	32,26	5,16	2,50

Tabelle 1 d: Relative Flüchtigkeiten der Testkomponenten

	Chromosorb 103	Chromosorb 104	Chromosorb 105
1 n-Hexan	1,00	1,00	1,00
2 Chloroform	1,36	3,13	1,05
3 Äthanol	0,54	1,59	0,30
4 Diäthylamin	0,89	1,52	0,10
5 Triäthylamin	2,19	2,17	6,17
6 Wasser	0,40	1,13	0,1
7 Diäthyläther	0,51	0,79	0,46
8 Aceton	0,62	2,51	0,45
9 Acetonitril	0,69	4,29	0,43
10 Acetaldehyd	0,26	0,98	0,16
11 Benzol	2,00	3,98	1,47
12 Toluol	4,36	7,81	3,54
13 p-Xylol	9,21	14,75	8,20
14 Mesitylen	20,09	27,09	19,38
15 n-Hexen	0,98	1,15	0,97
16 Isopren	0,57	0,88	0,46
17 Nitrobenzol	50,19	198,80	65,56
18 Tetrachloräthylen	4,77	5,87	3,55
19 Pyridin	4,09	12,95	3,88

2.2 Bestimmung der Grenzaktivitätskoeffizienten

Für die Vermessung der Grenzaktivitätskoeffizienten wird das
oben genannte Trägermaterial mit mindestens 15 Gew.-% Flüssigphase beladen. Die genaue Beladung jeder Charge wird dadurch
bestimmt, daß ein Teil des Materials einer Rückstandsanalyse
unterzogen wird. Die Ofentemperatur des verwendeten GC wird
auf 0,1 ^{o}C konstant gehalten. Der Säuleneingangs- und -aus-
gangsdruck werden mit einem Quecksilbermanometer auf 1 Torr
genau bestimmt. Die Retentionszeiten werden mit einem elek-
tronischen Integrator gemessen. Die Retentionsvolumina werden
mittels Seifenblasenströmungsmesser und Stoppuhr bestimmt.

Tabelle 2: Grenzaktivitätskoeffizienten von Äthanol (1) und Wasser (2)
in verschiedenen Glycolen

Stat. Phase	Temperatur ^{o}C							
	100	110	120	130	140	150	160	Komp.
Mono-ÄG	0,81							(1)
	1,76							(2)
Di-ÄG	0,71	0,71	0,71					(1)
	1,15	1,13	1,11					(2)
Tri-ÄG	0,62	0,64	0,64		0,63	0,62	0,59	(1)
	0,91	0,91	0,91		0,87	0,85	0,82	(2)
Tetra-ÄG	0,56	0,58	0,58		0,58	0,57	0,56	(1)
	0,78	0,78	0,78		0,75	0,74	0,73	(2)
Prop-G	0,88	0,87	0,84					(1)
	1,22	1,21	1,17					(2)

2.3 Phasengleichgewichtsmessungen

Bei 1.013 bar werden die Dampf-Flüssigkeits-Gleichgewichte
der ternären Systeme:

1. Wasser + Äthanol + 50 Gew.-% Äthylenglycol
2. Wasser + Äthanol + 50 Gew.-% Diäthylenglycol
3. Wasser + Äthanol + 50 Gew.-% Triäthylenglycol
4. Wasser + Äthanol + 50 Gew.-% Tetraäthylenglycol

bestimmt. Die verwendete Apparatur (Abb. 2) ist in /3/ beschrie-
ben.

Die Analysen der Dampf- und Flüssigkeitsproben werden gaschromatographisch auf Chromosorb 101 durchgeführt. Tabelle 3
zeigt die Meßergebnisse; in Abb. 3 sind die Siedegleichgewichte
dargestellt.

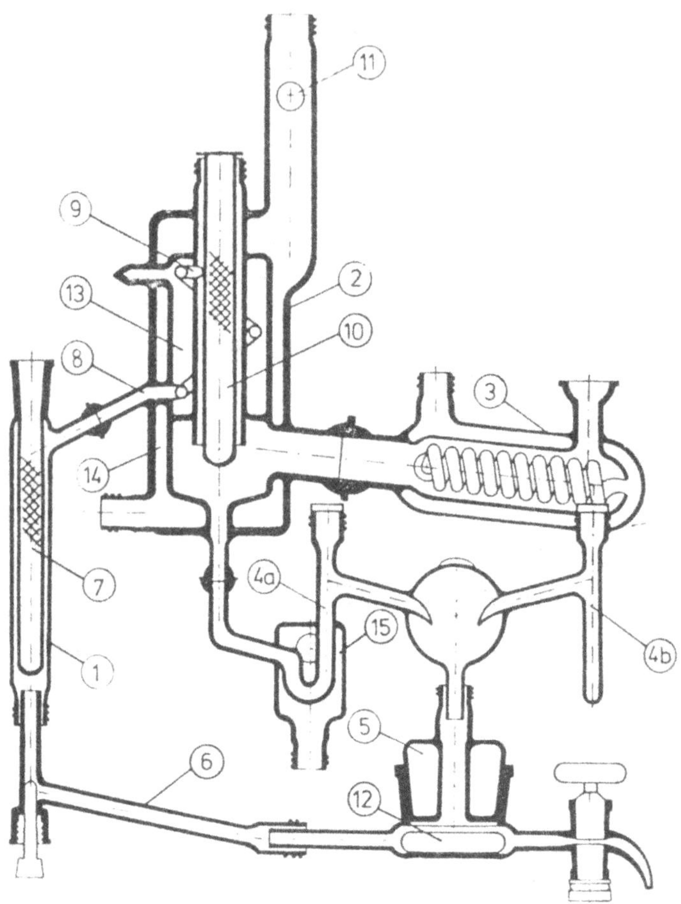

Abb. 2: Umlaufapparatur zur Messung von Siedegleichgewichten;
1 Heizrohr; 2 Meßzelle; 3 Kondensator; 4 a Flüssigkeitsprobenvorlage; 4 b Dampfprobenvorlage; 5 Kreiselpumpe; 6 Verbindungsrohr; 7 Heizpatrone; 8 Cottrell-Rohr; 9 Einspritzdüse;
10 Meßhülse; 11 Stutzen des Thermostatiermantels; 12 Magnetstab; 13 Vakuummantel; 14 Thermostatiermantel; 15 Flüssigkeitskühler.

Tabelle 3: Verdampfungsgleichgewichte bei 1,013 bar von Äthanol (1) + Wasser (2) + 50 Gew.-% verschiedener Glycole (3), bezogen auf glycolfreie Basis, d. h.: $x_1 + x_2 = 1$ und $y_1 + y_2 = 1$

Äthanol (1) + Wasser (2) + 50 Gew.-% Mono-ÄG (3)

Zusammensetzung

Flüssigphase $(x_1/\text{mol}\cdot\text{mol}^{-1})$	Dampfphase $(y_1/\text{mol}\cdot\text{mol}^{-1})$
0,0786	0,3254
0,2420	0,5465
0,3456	0,6366
0,4187	0,6824
0,6264	0,8070
0,8215	0,9133

Äthanol (1) + Wasser (2) + 50 Gew.-% Di-ÄG (3)

Zusammensetzung

Flüssigphase $(x_1/\text{mol}\cdot\text{mol}^{-1})$	Dampfphase $(y_1/\text{mol}\cdot\text{mol}^{-1})$
0,1187	0,3773
0,1269	0,3788
0,1322	0,3774
0,2387	0,5088
0,5524	0,7414
0,5617	0,7413
0,7445	0,8440
0,7473	0,8522

Äthanol (1) + Wasser (2) + 50 Gew.-% Tri-ÄG (3)

Zusammensetzung

Flüssigphase $(x_1/\text{mol}\cdot\text{mol}^{-1})$	Dampfphase $(y_1/\text{mol}\cdot\text{mol}^{-1})$
0,0483	0,2200
0,2113	0,4885
0,2371	0,5261
0,3436	0,6179
0,5524	0,7331
0,6729	0,8062
0,8086	0,8836

Äthanol (1) + Wasser (2) + 50 Gew.-% Tetra-ÄG (3)

Zusammensetzung

Flüssigphase $(x_1/\text{mol}\cdot\text{mol}^{-1})$	Dampfphase $(y_1/\text{mol}\cdot\text{mol}^{-1})$
0,0342	0,1419
0,0748	0,2775
0,1265	0,3599
0,1776	0,4405
0,3005	0,5675
0,4314	0,6643
0,5798	0,7519
0,7932	0,8834

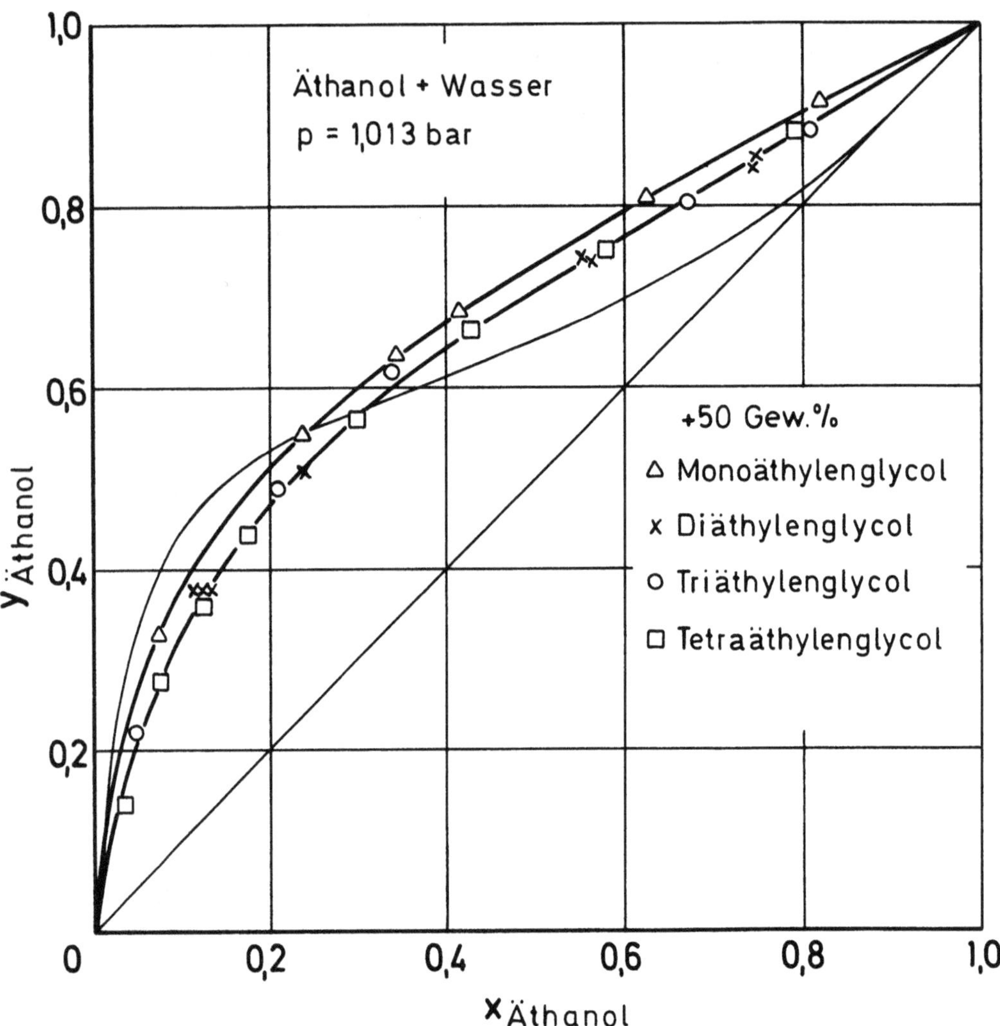

Abb. 3: Dampf-Flüssigkeits-Phasengleichgewichte der Systeme Äthanol + Wasser + 50 Gew.-% verschiedener Glycole

3. Auswertung

Bei 6 der eingesetzten Flüssigphasen, nämlich Nr. 1, 2, 3, 8, 11
und 16 ist der Rohrschneider-Index von 1-Butanol größer als
der von Nitropropan. Das bedeutet, daß diese Trennflüssigkeiten
starke Wasserstoffbrückenwechselwirkungen eingehen. Bei Substanz
Nr. 1, 2, 3 und 16 ist die Wirksamkeit für Diäthylamin größer
als für Triäthylamin. Diese Tatsache weist darauf hin, daß diese
Trennflüssigkeiten besonders H-Brückenselektiv sind. Dabei ist

Nr. 1 : UCON-50-HB-5100
      Polyäthylenglycoläther,

Nr. 2 : Siponat
      Natriumdodecylbenzolsulfonat,

Nr. 3 : Trimer-Acid
      C_{54}-Tricarbonsäure + 10 % C_{36}-Dicarbonsäure,

Nr. 16: Quadrol
      N,N,N',N'-Tetrakis(2-Hydroxypropyl)äthylendiamin.

Von den vier Substanzen wird der Polyäthylenglycoläther
UCON-50-HB-5100,

$$CH_3CH_2(CH_2-O-CH_2)_n \ CH_2CH_3,$$

als **H-brückenaktive Testsubstanz** ausgewählt. Die spezielle
Wirksamkeit dieses Stoffes rührt her von den Sauerstoffbrücken
des Polymeren. Die Ätherbrücke besitzt zwei an der chemischen
Bindung nicht beteiligte Elektronenpaare. Dadurch wirkt der
Polyäther als Elektronendonator oder Protonenakzeptor. Das Di-
polmoment der einzelnen Kettensegmente wirkt zudem anziehend
auf polare Moleküle, was sich in Tabelle 1 als relativ hohe
Wirksamkeit in Bezug auf Acetonitril und n-Hexen ausdrückt.

Der Polyäthylenglycoläther besitzt als Flüssigphase in der
Gaschromatographie ähnliche Eigenschaften wie Di-, Tri- und
Tetraäthylenglycol als Lösungsmittel in der Extraktivdestilla-
tion. Zum Vergleich der H-Brückenaktivität von OH- und O-Gruppen
in verschiedenen Glycolen werden die Ergebnisse der Phasengleichgewichtsmessungen (Abb. 3) betrachtet. Danach ist bei den drei
Oligomeren kein Unterschied in Bezug auf die beiden unterschied-
lichen aktiven Gruppen festzustellen. Monoäthylenglycol er-
scheint durch die allein wirkenden OH-Gruppen aktiver, doch
ist dabei zu berücksichtigen, daß hier in Relation zu den Oligomeren eine 1,2-fach höhere, auf das Gewicht bezogene Konzen-
tration von aktiven Gruppen vorliegt. Die Hydroxylfunktionen
wirken sowohl als Protonendonatoren als auch als Protonenakzeptoren. Wegen dieser Ambivalenz nimmt die Wechselwirkung der
Glycole mit Protonenakzeptoren bei Vermehrung der Kettensegmente ab. Dem gleichen Trend folgt die Trennwirksamkeit der
Äthylenglycole bei Systemen, die nur Protonenakzeptorgruppen,
wie Keto-, Ester-, Äther-, Nitrilgruppen enthalten.

Die gaschromatographische Trennung des Gemisches Methylacetat
(1) + Aceton (2) auf verschiedenen Glycol-Säulen verdeutlicht
diesen Sachverhalt. Tabelle 4 zeigt die bei 100 $^{\circ}$C mit Hilfe
der Retentionszeiten bestimmten relativen Flüchtigkeiten
dieser Stoffe:

<u>Tabelle 4:</u> Relative Flüchtigkeiten von Methylacetat (1) und
Aceton (2) in verschiedenen Glycolen bei 100 $^{\circ}$C

Säule	$\alpha 12$
Monoäthylenglycol	1,69
Diäthylenglycol	1,41
Triäthylenglycol	1,30
Tetraäthylenglycol	1,22
UCON-50-HB-5100	0,95

Monoäthylenglycol hat für Gemische, die nur Protonenakzeptorgruppen enthalten die besseren Trenneigenschaften. Enthält
ein Gemisch Protonendonator- und -akzeptorgruppen oder nur
-donatorgruppen so können beim Einsatz von Di-, Tri- und
Tetraäthylenglycol beide Funktionen der Glycole wirksam werden.

Generell kann gesagt werden:

Soll ein polares Gemisch durch Extraktiv-Destillation getrennt
werden, so kann geprüft werden, wie sich das Gemisch bei seiner
Siedetemperatur auf einer mit ca. 15 Gew.-% UCON-50-HB 5100
beladenen Säule gaschromatographisch trennen läßt. Liegt dabei
das Verhältnis der Nettoretentionszeiten der Schlüsselkomponenten über dem Wert 1,5 , dann ist der Einsatz eines Glycols
als Lösungsmittel angezeigt.

Ist dieser erste Test positiv verlaufen, dann kann auf gleiche
Weise die Selektivität der einzelnen Glycole gaschromatographisch
weiter untersucht werden.
Gaschromatographisch läßt sich

Monoäthylenglycol	bis	100	$^{\circ}$C
Diäthylenglycol	bis	130	$^{\circ}$C
Triäthylenglycol	bis	170	$^{\circ}$C
Tetraäthylenglycol	bis	200	$^{\circ}$C

als stationäre Phase einsetzen. Bei höheren Temperaturen
stört der Dampfdruck der Substanzen i. a. die Detektoren.

Glycole eignen sich insbesondere zur Verwendung als Lösungsmittel, da sie relativ billig, physiologisch unbedenklich und
thermisch stabil sind und niedrige Dampfdrücke haben. Bei eini-
gen Prozessen /4, 5, 6/ werden Mono-, Di- und Triäthylenglycol
als Lösungsmittel verwendet. Wegen der Wasserstoffbrückenbil-
dungen eignet sich Äthylenglycol besonders als Dehydrations-
mittel.

Tabelle 5 zeigt die aus Tabelle 2 errechneten Selektivitäten
für das Beispiel Äthanol + Wasser.

Tabelle 5: Selektivitäten, S_{12}, verschiedener Glycol-Säulen
für Äthanol (1) und Wasser (2)

Stationäre Phase	Temperatur $^{\circ}$C						
	100	110	120	130	140	150	160
Monoäthylenglycol	2,17						
Diäthylenglycol	1,62	1,59	1,56				
Triäthylenglycol	1,46	1,42	1,42		1,38	1,37	1,39
Tetraäthylenglycol	1,39	1,34	1,34		1,30	1,30	1,30
Propylenglycol	1,39	1,39	1,39				

Aus Tabelle 5 und Abb. 3 ist zu ersehen, daß die experimentelle
Beurteilung der Lösungsmittel durch die Gaschromatographie
und die Phasengleichgewichtsmessungen insofern gleichwertig
ist, als Monoäthylenglycol eindeutig das wirksamere Dehydra-
tionsmittel ist. Die feineren Unterschiede in der Selektivität
bei unendlicher Verdünnung der Schlüsselkomponenten lassen
sich durch das Phasengleichgewichtsexperiment nicht feststellen.
Die gaschromatographische Untersuchung zeigt außerdem, daß
Propylenglycol beim System Äthanol + Wasser die gleiche Trennwirksamkeit wie Tetraäthylenglycol hat. Ähnliche Ergebnisse
finden Baumgarten und Gerster /8/ für die Pentan/Penten-Tren-
nung mittels verschiedener Glycole.

Verzeichnis der Symbole

n	(mol)	molare Menge
p	(bar)	Systemdruck
p_{oj}	(bar)	Dampfdruck der reinen Komponente j
t_{dr_j}	(sec)	Nettoretentionszeit der Komponente j
x_j	(mol/mol)	Konzentration der Komponente j in der Flüssigphase
y_j	(mol/mol)	Konzentration der Komponente j in der Dampfphase
B_{jk}	(cm^3)	Virialkoeffizient
S_{jk}		Selektivität
T	(K)	Temperatur
V	(cm^3)	Volumen

Indices

1,2	Komponenten
3	Lösungsmittel, stat. Phase
∞	unendliche Verdünnung

Literatur

/1/ Röck, H., Chem. Ing. Techn. **28** (1956) 489.

/2/ Tassios, D.P., Extractive and Azeotropic Distillation, Advances in Chemistry Series 115, Washington D.C. 1972.

/3/ Rafflenbeul, L. und Hartmann, H., Chem. Techn. **7** (1978) 145.

/4/ Müller, E., Verfahrenstechnik **8** (1974), 1.

/5/ Black, C. und Ditsler, D.E., Azeotropic Distillation Advances in Chemistry Series 115, Washington D.C. 1972.

/6/ Marr, R. und Kögl., B. Chem.Techn. **6** (1977) 101.

/7/ Everett, D.H. und Stoddart, T.H., Trans. Faraday Soc. 57 (1961), 746.

/8/ Baumgarten, P.K. und Gerster, J.A. I & EC **46** (1954) 2398.

GPSR Compliance
The European Union's (EU) General Product Safety Regulation (GPSR) is a set
of rules that requires consumer products to be safe and our obligations to
ensure this.

If you have any concerns about our products, you can contact us on

ProductSafety@springernature.com

In case Publisher is established outside the EU, the EU authorized
representative is:

Springer Nature Customer Service Center GmbH
Europaplatz 3
69115 Heidelberg, Germany